Martin Güntner

Aus der Reihe: e-fellows.net schüler-wissen

e-fellows.net (Hrsg.)

Band 2

Theoretische und experimentelle Behandlung der Gesetze, Größen und Phänomene der Rotation fester Körper und Vergleich mit Translation

GRIN Verlag

Bibliografische Information der Deutschen Nationalbibliothek:

Die Deutsche Bibliothek verzeichnet diese Publikation in der Deutschen National-
bibliografie; detaillierte bibliografische Daten sind im Internet über http://dnb.d-
nb.de/ abrufbar.

Impressum:

Copyright © 2003 GRIN Verlag GmbH
Druck und Bindung: Books on Demand GmbH, Norderstedt Germany
ISBN: 978-3-656-53678-9

Dieses Buch bei GRIN:

http://www.grin.com/de/e-book/215720/theoretische-und-experimentelle-behand-
lung-der-gesetze-groessen-und-phaenomene

Facharbeit

aus dem Fach

Physik 1

Thema: Theoretische und experimentelle Behandlung der

Gesetze, Größen und Phänomene der Rotation fester

Körper und Vergleich mit Translation

Verfasser: Martin Güntner

Leistungskurs: Physik 1

Abgabetermin: 03. Februar 2003

Abgabe beim Kollegstufenbetreuer: ___________

Bewertung:	Schriftlich: .... Pkte
	Mündlich: .... Pkte
Gesamtleistung:	.... Pkte (einfache Wertung)

Unterschrift Kursleiter/in _______________________________

Datum   Unterschrift d. Kollegiat/in

Inhaltsverzeichnis

A Bedeutung der Rotationsgesetze im Alltag

Die Bewegungen eines starren Körpers lassen sich einteilen in Translations- und Rotationsbewegungen, die sich in manchen Fällen auch überlagern. Beim Spielen mit einem Kinderkreisel, beim Karusellfahren auf dem Spielplatz oder beim Fahrradfahren werden für jeden Mensch schon im Kindesalter die Gesetze der Rotation erfahrbar. Während im Schulunterricht die Translation recht ausführlich besprochen wird, ist die theoretische Behandlung der Rotation eher kurz gehalten. Dabei sind die Rotationsgesetze genauso allgegenwärtig wie die der Translation. Täglich sieht man sich drehende Räder von Fahrzeugen oder hört das Brummen und Surren der rotierenden Anker bzw. Wellen von Motoren, ohne sich Gedanken darüber zu machen, welche theoretischen Überlegungen bei deren Konstruktion eine Rolle gespielt haben. In meiner Facharbeit möchte ich daher einen Überblick über die wesentlichen Grundlagen, Phänomene und Gesetze der Rotationsbewegung geben und diese experimentell überprüfen. Besondere Bedeutung werde ich im Folgenden den Analogien beimessen, die sich zwischen den Gesetzen der Translation und denen der Rotation ergeben.

B Theoretische und experimentelle Behandlung der Rotation fester Körper

- ## 1. Theoretische Behandlung wichtiger Größen, Gesetze und Phänomene der Rotation und Vergleich mit linearer Bewegung
- ### 1.1 Winkel und Strecke (Vgl. Tipler S.225 f, Pitka u. Autoren S. 78 ff.)

Während sich bei einer Translationsbewegung eines Körpers der Ort jedes Teilchens des Körpers um die Strecke x verändert, ist die Ortsänderung der Teilchen des Körpers bei einer Rotation in Abhängigkeit vom Abstand zur Drehachse unterschiedlich, so dass es sinnvoller ist, statt der Ortsänderung der Teilchen den Winkel anzugeben, um den der Körper gedreht wurde und der für alle Teilchen der selbe ist. Da sowohl Winkel als auch Weg die Größe der Rotation bzw. Translation angeben, kann man sagen, dass sich Winkel und Weg in gewisser Weise entsprechen. Im Gegensatz zum Weg aber ist der Winkel keine Vektorgröße. Dies sieht man z. B. daran, dass Drehungen im Raum im Gegensatz zu Vektoren nicht kommutativ, also in der Reihenfolge nicht vertauschbar sind. Nur für infinitesimal kleine Winkel ist die Reihenfolge der Drehungen egal. In diesem Fall haben die Drehwinkel auch etwas Vektorartiges. Dies ist für das folgende Kapitel von Bedeutung.

- **1.2 Winkelgeschwindigkeit als Vektor** (Vgl. Pitka u. Autoren S. 78 ff.)

Da die Geschwindigkeit die infinitesimale Änderung des Orts pro Zeit $\frac{dx}{dt}$ ist, wird ihr

Gegenstück bezüglich der Rotation durch die Änderung des Winkels pro Zeit $\frac{d\varphi}{dt}$ dargestellt,

also durch die Winkelgeschwindigkeit. Da hier nur infinitesimal kleine Winkel $d\varphi$

vorkommen, lässt sich die Winkelgeschwindigkeit aus den in 1.1 genannten Gründen als

Vektor behandeln. Da bei der Rotation eines Gegenstandes die Parallelen zur Drehachse als

einzige körperfeste Geraden ihre Richtung in einem raumfesten

Bezugssystem beibehalten, ist die Richtung des Vektors der

Winkelgeschwindigkeit zweckmäßigerweise parallel zur Drehachse

festgelegt. Für die endgültige Richtung des Vektors verwendet man

üblicherweise die sogenannte Rechte-Hand-Regel: Wenn man die

Drehachse mit den Fingern der rechten Hand so umfasst, dass die

Finger die Bewegungsrichtung der Teilchen des rotierenden

Körpers beschreiben, und den Daumen parallel zur Achse abspreizt,

dann zeigt der Vektor der Drehgeschwindigkeit in die Richtung des

Daumens (S. Skizze 1.2a!).

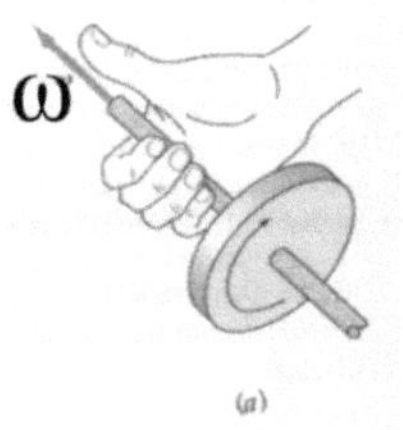

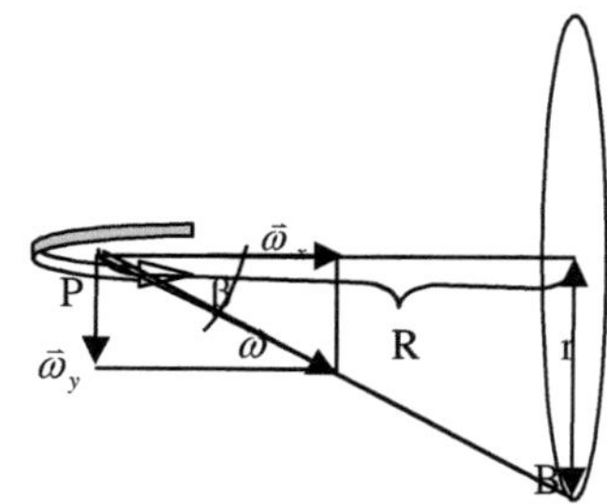

Skizze 1.2a (Tipler, S.256)

Wenn eine Bewegung aus zwei verschiedenen überlagerten Bewegungen $\bar{\omega}_1$ und $\bar{\omega}_2$ um

verschiedene Achsen besteht, lässt sich die Bewegung als Winkelgeschwindigkeitsvektor

beschreiben, dessen Richtung und Betrag durch das Ergebnis der Vektoraddition von $\bar{\omega}_1$ und

$\bar{\omega}_2$ festgelegt sind. Als Beispiel wird der Fall eines Rades mit dem Radius r betrachtet, das

mit konstanter Umlaufgeschwindigkeit auf einer Kreisbahn des Radius R rollt (Siehe Skizze

1.2b !).

Skizze 1.2b (nach Pitka S.80)

In der Skizze bewegt sich das Rad gerade auf den Betrachter zu. Daher zeigt $\vec{\omega}_y$, der Vektor der Winkelgeschwindigkeit um die Hochachse, nach unten und $\vec{\omega}_x$, der Vektor der Drehung um die Radachse, nach rechts. Richtung und Betrag der resultierenden Gesamtwinkelgeschwindigkeit $\vec{\omega}$ lassen sich nun einfach z. B. aus dem Verhältnis der beiden Radien und der Zeitdauer T für einen Umlauf um die Hochachse durch Addition der beiden Vektorkomponenten berechnen. Dann ist $\omega_y = \dfrac{2\pi}{T}$. Für ω_x gilt: $\omega_x = 2\pi f_x = 2\pi \dfrac{2\pi R}{2\pi r T} = \dfrac{2\pi R}{Tr}$

, da das Rad mit dem Umfang $2\pi r$ sich in der Zeit T $\dfrac{2\pi R}{2\pi r}$ mal drehen muss, um die Strecke $2\pi R$ zurückzulegen. Der Betrag der resultierenden Winkelgeschwindigkeit ist

$$\omega = \sqrt{\left(\frac{2\pi}{T}\right)^2 + \left(\frac{2\pi R}{Tr}\right)^2} = \frac{2\pi}{T}\sqrt{1 + \left(\frac{R}{r}\right)^2}$$. Der Winkel zwischen $\vec{\omega}$ und der Horizontalen

berechnet sich zu $\beta = \tan^{-1}\dfrac{\omega_y}{\omega_x} = \tan^{-1}\dfrac{\dfrac{2\pi}{T}}{\dfrac{2\pi R}{rT}} = \tan^{-1}\dfrac{r}{R}$. Der Vektor $\vec{\omega}$ der

Gesamtwinkelgeschwindigkeit bewegt sich auf einem Kegelmantel mit der Spitze P, dessen Grundflächenbegrenzung durch die Menge aller Punkte B beschrieben wird, an denen das Rad die Unterlage berührt.

- **1.3 Winkelbeschleunigung** (Vgl. Tipler, S. 227)

Analog zur Beschleunigung $\vec{a}$ bei geraden Bewegungen, die angibt, wie schnell sich die Geschwindigkeit ändert, gibt es bei der Rotation eine Entsprechung , nämlich die Winkelbeschleunigung $\vec{\alpha}$. Sie gibt die Änderung der Winkelgeschwindigkeit pro Zeit an und ist daher die Ableitung der Winkelgeschwindigkeit nach der Zeit: $\vec{\alpha} = \dfrac{d\vec{\omega}}{dt} = \dfrac{d^2\varphi}{dt^2}$. Die Winkelbeschleunigung α eines Teilchens ist über die Beziehung

$$\alpha = \frac{d\omega}{dt} = \frac{dv}{r\cdot dt} = \frac{a}{r} \quad \text{(G 1.3)}$$

mit dem Abstand r des Teilchens von Drehachse und der Beschleunigung a in tangentialer Richtung verbunden. $\vec{\alpha}$ ist eine Vektorgröße, deren Richtung ähnlich wie die der Winkelgeschwindigkeit durch die Rechte-Hand-Regel entlang der Drehachse gegeben ist, wobei die Finger in Richtung der Geschwindigkeitsänderung zeigen.

- **1.4 Beziehung zwischen Drehmoment, Winkelbeschleunigung und Trägheitsmoment** (Vgl Tipler S. 230 f., S.256, Bergmann/Schaefer S.83 ff., Feynman u. Autoren S.291 f.)

Der Kraft F, die einen Körper beschleunigen kann, entspricht das Drehmoment M. Das Drehmoment ist, wie eine Kraft auch, ein Vektor. Seine Richtung ist ebenso wie die Richtung der vorherigen Vektorgrößen, durch die Rechte-Hand-Regel gegeben, und zwar in der Art, dass der parallel zur Achse abgespreizte Daumen in die Richtung des Vektors zeigt, wenn die Finger in die Richtung zeigen, in die das Drehmoment zu drehen versucht.

Während bei einer geraden Bewegung nach dem Zweiten Newtonschen Gesetz F=m·a gilt, sollen im Folgenden nun entsprechende Beziehungen für Drehmoment und Winkelbeschleunigung bezüglich der Rotationsbewegung hergeleitet werden.

Dazu betrachtet man einen um eine Achse drehbaren Körper der Masse m, den man sich in n infinitesimal kleine Teilchen der jeweiligen Masse m_i und des jeweiligen Abstands r_i von der Drehachse unterteilt denkt. Wenn auf diesen Körper ein Drehmoment M mit Vektorrichtung entlang der Achse wirkt, dann erfährt jedes Teilchen die selbe Winkelbeschleunigung α und eine Beschleunigung in tangentialer Richtung für die nach (G 1.3) jeweils gilt $a_i=r_i\alpha$. Für diese Beschleunigung muss auf die Teilchen jeweils eine Kraft

$$F_i = a_i \cdot m_i = \alpha \cdot r_i \cdot m_i$$

wirken, was einem jeweiligen Drehmoment

$$M_i = F_i \cdot r_i = \alpha \cdot m_i \cdot r_i^2 \quad (G\ 1.4.1)$$

entspricht. Da sich das gesamte Drehmoment M aus der Summe aller M_i zusammensetzt, ergibt sich die Gleichung

$$M = \sum_{i=1}^{n} M_i = \sum_{i=1}^{n} \alpha \cdot m_i \cdot r_i^2 = \alpha \cdot \sum_{i=1}^{n} m_i \cdot r_i^2 \quad (G\ 1.4.2).$$

Bei n→∞ geht der Term $\sum_{i=1}^{n} m_i \cdot r_i^2$ in das Integral $\int r^2 dm$ über. Da dieses Integral für jeden Körper bezüglich einer bestimmten Achse eine Konstante ist, bekommt es eine eigene Abkürzung J mit

$$J = \lim_{n \to \infty} \sum_{i=1}^{n} m_i \cdot r_i^2 = \int r^2 dm \quad (G\ 1.4.3),$$

so dass man G 1.4.2 auch in der Form

$$M = J \cdot \alpha \quad (G\ 1.4.4)$$

schreiben kann. Die Winkelbeschleunigung ist also proportional zum Drehmoment. Diese Formel entspricht daher dem Zweiten Newtonschen Gesetz F=m·a. Der

Proportionalitätsfaktor J in G 1.4.4 gibt an, wie stark sich ein Körper einer Änderung der Winkelgeschwindigkeit widersetzt und entspricht daher der trägen Masse, die dafür verantwortlich ist, dass sich ein Körper einer Geschwindigkeitsänderung widersetzt . Daher wird die Größe J auch Trägheitsmoment genannt. Im Gegensatz zur Masse, die eine skalare Größe ist, ist das Trägheitsmoment eine gerichtete Größe, denn sie hängt von der Richtung der Achse ab, um die der Körper gedreht wird. Unter allen denkbaren Achsen durch den Schwerpunkt eines Körpers gibt es im Allgemeinen drei aufeinander jeweils senkrechte Achsen, um die der Körper rotieren kann, ohne auf die jeweilige Drehachse Drehmomente auszuüben. Dies liegt daran, dass um diese Achsen die Masse so verteilt ist, dass sich die auf die einzelnen Massenelemente wirkenden Kräfte intern gegenseitig aufheben. Dies ist z. B. immer bei den Symmetrieachsen eines Körpers der Fall. Ein Körper muss aber nicht symmetrisch zur Rotationsachse sein, um momentenfrei rotieren zu können. Die Achsen, um die eine momentenfreie Rotation möglich ist, sind die Achsen des größten und des kleinsten Trägheitsmoments sowie die zu diesen Achsen senkrechte Achse, für die das zugehörige Trägheitsmoment einen Betrag zwischen größtem und kleinstem Trägheitsmoment annimmt. Die Achsen der momentenfreien Rotation nennt man die drei Hauptträgheitsachsen. Eine Rotation um eine andere als die Hauptträgheitsachsen hat das Bestreben, in eine Rotation um die Achse des größten Trägheitsmoments überzugehen, wenn nicht z. B. durch Achslager ein entsprechendes Gegendrehmoment auf den Körper ausgeübt wird. Eine Rotation, bei der keine äußeren Kräfte auf die Drehachse wirken, ist nur um die Achsen des größten oder des kleinsten Trägheitsmoments stabil. Dies ist z. B. bei einem durch die Luft geworfenen rotierenden Körper der Fall. Eine Rotation um die Achse des mittleren Trägheitsmoments geht dann schon durch kleinere Störungen in eine Rotation um die Achse des größten Trägheitsmoments über. (Eine Rotation um die Achse des kleinsten Trägheitsmoments tut dies erst bei einer recht starken Störung). Obwohl ein Körper im Allgemeinen drei Hauptträgheitsachsen hat, gibt es Spezialfälle von Körpern, bei denen das Trägheitsmoment nur zwei Extremwerte besitzt (z. B. Zylinder) oder für alle Achsenrichtungen konstant ist. Letzteres ist bei Kugeln der Fall, aber auch bei anderen völlig regelmäßigen Körper wie Würfeln oder Tetraedern sowie bei Zylindern mit einem bestimmten Verhältnis von Radius zu Höhe.

- **<u>1.4.1 Drehschwingungen als Möglichkeit zur Messung von Trägheitsmomenten</u>**
  <u>(Vgl. Bergmann/Schaefer S.147, Tipler S. 399)</u>

Analog zum Federpendel aus einer Masse, die an einer Schraubenfeder hängt und Schwingungen ausführt, kann man einen Körper an einer Spiralfeder befestigen und ihn nach einer kurzen Auslenkung aus der Ruhelage Drehschwingungen ausführen lassen (S. Skizze 1.4.1 und Foto 1!). Diese lassen sich ähnlich wie lineare Schwingungen behandeln. Während bei Schraubenfedern die Länge der Auslenkung aus der Ruhelage proportional zur Kraft und zur Beschleunigung ist, ist bei auf Torsion belasteten Spiralfedern der Winkel der Auslenkung proportional zum Drehmoment und damit zur Winkelbeschleunigung des damit verbundenen Körpers. Als Federkonstante einer Spiralfeder gibt

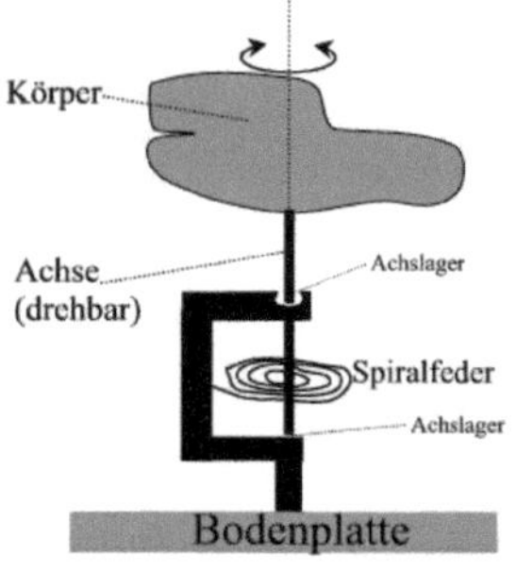

Skizze 1.4.1

man daher das Drehmoment pro Verdrillungswinkel an. Um die Schwingungsdauer auszurechnen geht man wie bei den bekannten linearen Schwingungen vor. Man stellt die Gleichung

$$\alpha = -\frac{M}{J} = -\frac{\varphi \cdot D}{J} \quad \text{auf. Daraus wird nun}$$

$$\frac{d^2\varphi}{dt^2} = -\frac{\varphi \cdot D}{J} \quad \text{(G 1.4.1.1), was durch}$$

$$\varphi(t) = \varphi_0 \cdot \sin(\omega t)^1 \quad \text{gelöst wird. Daraus folgt:}$$

$$\frac{d\varphi}{dt} = \varphi_0 \cdot \omega \cdot \cos(\omega t) \quad \text{und} \quad \frac{d^2\varphi}{dt^2} = -\varphi_0 \cdot \omega^2 \cdot \sin(\omega t) \; .$$

Durch Einsetzen in G 1.4.1 erhält man:

$$\frac{D}{J} \cdot \varphi_0 \cdot \sin(\omega t) = \varphi_0 \cdot \sin(\omega t) \cdot \omega^2 \qquad |:\varphi_0 \; |:\sin(\omega t)$$

$$\frac{D}{J} = \omega^2 = \left(\frac{2\pi}{T}\right)^2 \qquad J = \frac{D \cdot T^2}{4\pi^2} \quad \text{(G 1.4.1.2)}$$

Durch Messung von T und D ergibt sich somit eine Möglichkeit zur experimentellen Feststellung des Trägheitsmoments eines Körpers.

---

[1] .In diesem Kapitel ist ω ausnahmsweise nicht die Winkelgeschwindigkeit des Körpers, sondern die Kreisfrequenz der Schwingung.

- **1.4.2 Besonderheiten der Trägheitsmomente flacher Körper** (Vgl. Tipler S. 240 f.)

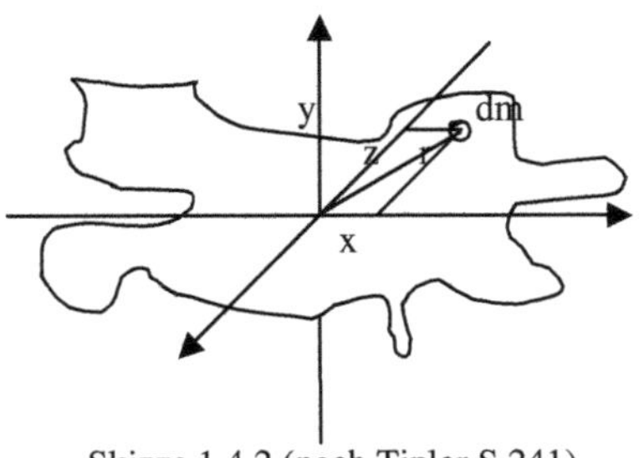

Skizze 1.4.2 (nach Tipler S.241)

Bei Körpern, die in eine bestimmte Richtung nur eine vernachlässigbare Ausdehnung haben, also z.B. bei einer flachen Scheibe, kann man das Trägheitsmoment bezüglich der Achse in Richtung minimaler Ausdehnung leicht aus den beiden Trägheitsmomenten der zu dieser Richtung und zueinander senkrechten Achse berechnen. Man betrachte zum Beispiel den in Skizze 1.4.2 abgebildeten Gegenstand, der in y-Richtung nur minimale Ausdehnung hat. Es seien die Trägheitsmomente $J_z = \int x^2 dm$ um die z-Achse und $J_x = \int z^2 dm$ um die x-Achse bekannt, wobei x der Abstand des Massenteilchens dm von der z-Achse und z der Abstand von der x-Achse ist. Das Trägheitsmoment J_y um die y-Achse ist dann $J_y = \int r^2 dm$, wobei r der Abstand von der y-Achse ist. Für jedes dm gilt $r^2 = x^2 + z^2$. Daher ist

$$J_y = \int r^2 dm = \int (x^2 + z^2)dm = \int x^2 dm + \int z^2 dm = J_z + J_x \quad (G\ 1.4.2).$$

Das Trägheitsmoment um die y-Achse ist also die Summe der Trägheitsmomente um die z- und um die x-Achse.

- **1.4.3 Der Satz von Steiner** (Vgl. Bergmann/Schaefer S.80, Knerr S.647 f.)

Ein Trägheitsmoment wird meist bezüglich einer Schwerpunktsachse angegeben. Oft geht die interessierende Drehachse aber nicht durch den Schwerpunkt des rotierenden Körpers. Es ist daher nützlich, eine Beziehung zwischen den Trägheitsmomenten um eine Achse durch den Schwerpunkt und einer in einem bestimmten Abstand dazu parallel

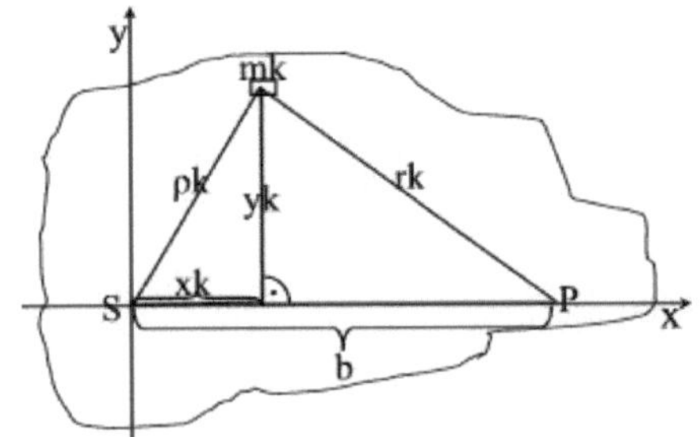

Skizze 1.4.3 (nach Knerr S.647)

verlaufenden Achse zu finden. Man betrachte den in Skizze 1.4.3 abgebildeten Gegenstand der Masse m, dessen Schwerpunkt sich im Koordinatenursprung befindet, und denke ihn sich in n infinitesimal kleine Massenelemente m_k unterteilt. Es sei das Trägheitsmoment um die senkrecht in die Zeichenebene und durch den Schwerpunkt S verlaufende Achse J_s bekannt.

Gesucht sei das Trägheitsmoment J_p um die parallel dazu im Abstand b durch den auf der x-Achse liegenden Punkt P verlaufende Achse. Es ist nach G 1.4.3

$$J_s = \sum_{k=1}^{n} \rho_k^{\ 2} \cdot m_k \qquad \text{(G 1.4.3.1)} \qquad \text{und}$$

$$J_p = \sum_{k=1}^{n} r^2_{\ k} \cdot m_k \qquad \text{(G 1.4.3.2)} \ .$$

Da die Dreiecke ΔTPm_k und ΔSTm_k rechtwinklig sind, gilt

$$r_k^{\ 2} = y_k^{\ 2} + \left(b - x_k\right)^2 = y_k^{\ 2} + b^2 - 2 \cdot b \cdot x_k + x_k^{\ 2} \quad \text{(G 1.4.3.3)} \quad \text{und}$$

$$\rho^{\ 2} = x_k^{\ 2} + y_k^{\ 2} \quad \text{(G 1.4.3.4)}.$$

Dabei sind b, x_k, y_k die Koordinaten der Ortvektoren von P bzw. m_k und sind daher vorzeichenbehaftet.

Einsetzen von G 1.4.3.3 in G 1.4.3.2 und Anwendung von G 1.4.3.4 ergibt:

$$J_P = \sum_{k=1}^{n} r_k^{\ 2} \cdot m_k = \sum_{k=1}^{n} \left(x_k^{\ 2} + y_k^{\ 2} + b^2 - 2 \cdot b \cdot x_k\right) \cdot m_k = \sum_{k=1}^{n} \left(\rho_k^{\ 2} + b^2 - 2 \cdot b \cdot x_k\right) \cdot m_k \ .$$

was sich auseinanderziehen lässt zu

$$J_p = b^2 \cdot \sum_{k=1}^{n} m_k + \sum_{k=1}^{n} \rho_k^{\ 2} m_k - 2b \cdot \sum_{k=1}^{n} x_k \cdot m_k \quad \text{(G 1.4.3.5)}.$$

Die Summation $\sum_{k=1}^{n} m_k$ ist einfach die Gesamtmasse des Gegenstands, so dass der erste

Summand von G 1.4.3.5 zu $b^2 \cdot m$ wird.

Der zweite Summand von Gleichung G 1.4.3.5 $\sum_{i=1}^{n} \rho_k^{\ 2} m_k$ ist nach G 1.4.3.1 das

Trägheitsmoment J_s um die Achse durch den Schwerpunkt.

Das letzte Glied $-2b \cdot \sum_{k=1}^{n} x_k \cdot m_k$ ergibt immer 0 , und zwar aus folgendem Grund: Wenn

man jedes Element der Summation $x_k \cdot m_k$ mit dem Ortsfaktor g multipliziert, dann erhält

man das Drehmoment M_k, das ein Massenelements m_k durch sein Gewicht auf den Körper

ausübt, wenn der Körper im Schwerpunkt unterstützt wird. Hier sei nochmals darauf

hingewiesen, dass die links vom Schwerpunkt gelegenen x_k ein negatives Vorzeichen tragen.

Da der Schwerpunkt gerade so definiert ist, dass der Körper momentenfrei ist, wenn er dort

unterstützt wird, muss gelten:

$$\sum_{k=1}^{n} M_k = \sum_{k=1}^{n} m_k \cdot x_k \cdot g = g \cdot \sum_{k=1}^{n} m_k \cdot x_k = 0 \qquad .$$

Also muss die Summe $\sum_{k=1}^{n} x_k \cdot m_k = 0$ sein.

Das Trägheitsmoment J_p ist somit

$$J_p = J_s + m \cdot b^2 \qquad \text{(G 1.4.3.6)}.$$

Diese Beziehung wird nach ihrem Entdecker auch Steinerscher Satz genannt.

- ### 1.4.4 Trägheitsmomente ausgewählter Körper konstanter Dichte

- ### 1.4.4.1 Trägheitsmoment eines Zylinders (Achse parallel zur Höhe)(Vgl Bergmann/Schaefer S.78f)

Als erstes soll das Trägheitsmoment J_{zh} eines Zylinders bezüglich seiner Längsachse hergeleitet werden, wobei der Zylinder den Radius R, die Höhe h und die Masse m habe. Man denke sich den Zylinder in unendlich viele Hohlzylinder mit dem jeweiligen Innenradius r, der infinitesimal kleinen Wandstärke dr und der Masse dm unterteil (S. Skizze 1.4.4.1!). Da innerhalb eines solchen Hohlzylinders der Abstand eines jeden Massenteilchens von der Drehachse gleich r ist, also konstant, hat nach G 1.4.3 jeder dieser Hohlzylinder das Trägheitsmoment

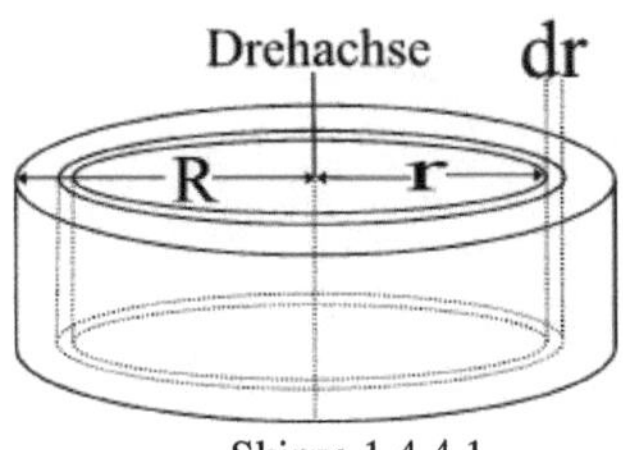

Skizze 1.4.4.1

$$J_k = \int r^2 dm = r^2 \cdot dm \ .$$

Um das Gesamtträgheitsmoment J_{zh} des Zylinders zu erhalten, muss man nur über alle $J_k(r)$ zwischen 0 und R integrieren. Dazu setzt man dm über

$$dm = \rho \cdot dV = \rho \cdot h \cdot dA = \rho \cdot h \cdot \pi \left[(r+dr)^2 - r^2 \right] = \rho \cdot h \cdot \pi \cdot \left[r^2 + 2 \cdot r \cdot dr + dr^2 - r^2 \right],$$

$$\text{also} \quad dm = \rho \cdot h \cdot \pi \cdot \left[2 \cdot r \cdot dr + dr^2 \right] \qquad \text{(G 1.4.4.1.1)}$$

mit r in Beziehung. Man kann den zweiten Summanden dr^2 in der Klammer von G 1.4.4.1.1 als Infinitesimal zweiten Grades gegenüber 2rdr vernachlässigen. Das gesuchte Trägheitsmoment ist nun das Integral

$$J_{Zh} = \int_0^R r^2 dm = \int_0^R r^2 \cdot \rho \cdot h \cdot \pi \cdot \left[2 \cdot r \cdot dr + dr^2 \right] = \int_0^R r^2 \cdot \rho \cdot h \cdot \pi \cdot 2 \cdot r \cdot dr = 2 \cdot \pi \cdot \rho \cdot h \cdot \int_0^R r^3 \cdot dr$$

Mit $\int r^3 dr = \dfrac{r^4}{4} + C$ gilt $\qquad$ $J_{Zh} = 2 \cdot \pi \cdot \rho \cdot h \cdot \dfrac{R^4}{4} = \pi \cdot \rho \cdot h \cdot \dfrac{R^4}{2}$.

Da die Masse des Zylinder $m = \rho \cdot V = \rho \cdot h \cdot \pi \cdot R^2$ ist, wird daraus

$$J_{Zh} = \frac{1}{2} \cdot m \cdot R^2 \qquad \text{(G 1.4.4.1.2)} \ .$$

- **1.4.4.2 Trägheitsmoment eines Zylinders (Achse senkrecht zur Höhe)**

Es soll das Trägheitsmoment eines Zylinders E bezüglich einer Drehachse y berechnet werden, die senkrecht zur Zylinderhöhe h ist. Der Zylinder habe den Radius R und die Masse m. Man unterteile den Zylinder in Zylinderscheibchen S der infinitesimal kleinen Höhe dx, des Radius R und der Masse dm (S. Skizze 1.4.4.2!). Das Trägheitsmoment eines Zylinders S bezüglich einer Schwerpunktsachse, die zur y-Achse parallel ist, sei J_{SSy}, sein Trägheitsmoment bezüglich der x-Achse sei

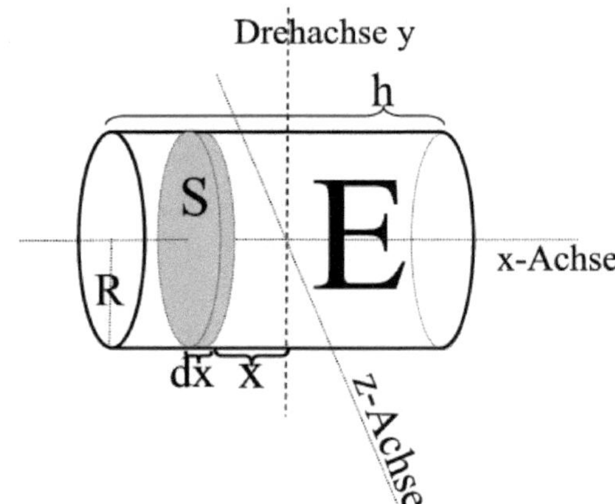

Skizze 1.4.4.2

J_{Sx}.

Da wegen der Rotationssymmetrie von Zylindern das Trägheitsmoment eines Zylinders S bezüglich aller zur x-Achse senkrechten Schwerpunktsachsen gleich J_{SSy} ist, gilt nach G 1.4.2 und G 1.4.4.1.2 :

$J_{Sx} = J_{SSy} + J_{SSy}$ $\qquad$ $J_{SSy} = \dfrac{1}{2} \cdot J_{Sx} = \dfrac{1}{2} \cdot \left(\dfrac{1}{2} \cdot dm \cdot R^2 \right) = \dfrac{1}{4} \cdot \rho \cdot dx \cdot \pi \cdot R^4$.

Nun wendet man den Steinerschen Satz an. Bezüglich der ursprünglichen Drehachse y hat nach G 1.4.3.6 jeder Zylinder S das Trägheitsmoment

$$J_{Syy} = \frac{1}{4} \cdot \rho \cdot dx \cdot \pi \cdot R^4 + dm \cdot x^2 = \frac{1}{4} \cdot \rho \cdot \pi \cdot R^4 \cdot dx + \rho \cdot \pi \cdot R^2 \cdot x^2 \cdot dx \ .$$

Um das Trägheitsmoment J_{Ey} des ursprünglichen Zylinders E bezüglich der y-Achse zu erhalten, muss man über alle J_{Syy} integrieren:

$$J_{Ey} = \int\limits_{-\frac{h}{2}}^{\frac{h}{2}} J_{Syy}(x) = \rho \cdot \pi \cdot R^2 \cdot \int\limits_{-\frac{h}{2}}^{\frac{h}{2}} \left(\frac{1}{4} \cdot R^2 \cdot dx + x^2 \cdot dx \right) =$$

$$= \rho \cdot \pi \cdot R^2 \cdot \left(\frac{1}{4} \cdot R^2 \cdot h + 2 \cdot \frac{h^3}{3 \cdot 8} \right) = \rho \cdot \pi \cdot R^2 \cdot h \cdot \left(\frac{1}{4} \cdot R^2 + \frac{1}{12} h^2 \right)$$

Oder ausgedrückt mit der Zylindermasse $m = \rho \cdot \pi \cdot R^2 \cdot h$:

$$J_{Ey} = m \cdot \left(\frac{1}{4} \cdot R^2 + \frac{1}{12} h^2 \right)$$

- **1.4.4.3 Trägheitsmoment einer Kugel** (Vgl. Bergmann/Schaefer S.79)

Als nächstes sei das Trägheitsmoment J_k einer Kugel der Masse m mit Radius R gesucht. Man kann sie sich aus aufeinander getürmten Zylindern mit der jeweils sehr kleinen Höhe dh, der Masse dm und dem Volumen $dV = \pi \cdot r^2 \cdot dh$ vorstellen (S. Skizze 1.4.4.3!). Jeder Zylinder hat nach G 1.4.4.1.2 das Trägheitsmoment

$$dJ = \frac{1}{2} \cdot \rho \cdot \pi \cdot r^4 \cdot dh \quad \text{(G 1.4.4.3.1)}.$$

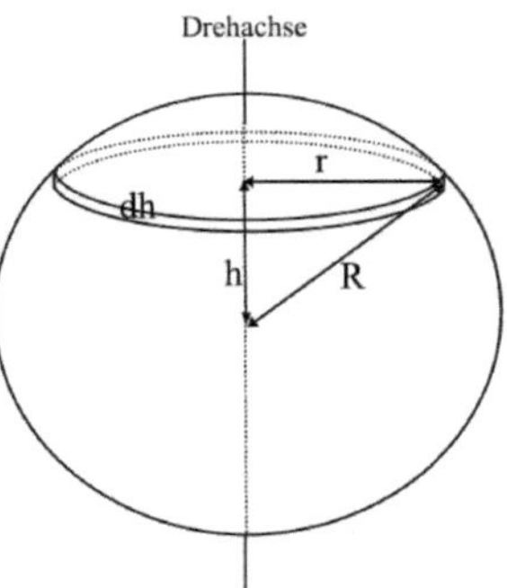

Skizze 1.4.4.3 (nach Bergmann S.79)

r hängt von der Höhe h ab, in der sich der Zylinder innerhalb der Kugel befindet. Da das Dreieck, das von R, r und h gebildet wird, rechtwinklig ist, gilt:

$$r^2 = R^2 - h^2 \quad (\text{G1.4.4.3.2}).$$

Einsetzen in G 1.4.4.3.1 ergibt:

$$dJ = \frac{1}{2} \cdot \rho \cdot \pi \cdot \left(R^2 - h^2 \right)^2 \cdot dh = \frac{1}{2} \cdot \rho \cdot \pi \cdot \left(R^4 - 2 \cdot R^2 h^2 + h^4 \right) \cdot dh \quad .$$

Über diesen Ausdruck muss man für alle h von –R bis R integrieren, um J_k zu erhalten:

$$J_k = \int_{-R}^{R} \frac{1}{2} \cdot \rho \cdot \pi \cdot \left(R^4 - 2 \cdot R^2 h^2 + h^4\right) \cdot dh = \frac{1}{2} \cdot \rho \cdot \pi \cdot \left(\int_{-R}^{R} R^4 dh - 2 \cdot R^2 \cdot \int_{-R}^{R} h^2 dh + \int_{-R}^{R} h^4 dh\right)$$

$$(\text{G } 1.4.4.3.3).$$

Da nur geradzahlige Potenzen auftreten, integriert man jeweils nur von Null bis R und multipliziert mit zwei, so dass der Faktor ½ vor der Klammer wegfällt:

$$J_k = \rho \cdot \pi \cdot \left(\left[R^4 \cdot h\right]_0^R - 2 \cdot R^2 \cdot \left[\frac{1}{3} \cdot h^3\right]_0^R + \left[\frac{1}{5} h^5\right]_0^R\right) =$$

$$= \rho \cdot \pi \cdot \left(R^5 - \frac{2}{3} R^5 + \frac{1}{5} \cdot R^5\right) = \rho \cdot \pi \cdot \frac{8}{15} \cdot R^5 \qquad (\text{G } 1.4.4.3.4).$$

Um J_k in Abhängigkeit von der Kugelmasse m zu erhalten, teilt man in G 1.4.4.3.4 einfach die rechte Seite der Gleichung durch die Kugelmasse $m = \rho \cdot V_k = \rho \cdot \frac{4}{3} \cdot \pi \cdot R^3$ und es ergibt sich:

$$J_k = \frac{\dfrac{8}{15} \cdot \rho \cdot \pi \cdot R^5}{\dfrac{4}{3} \cdot \rho \cdot \pi \cdot R^3}$$

$$J_k = \frac{2}{5} \cdot m \cdot R^2 \qquad (\text{G } 1.4.4.3.5).$$

- **1.4.4.4 Trägheitsmoment eines Quaders** (Vgl. Bergmann/ Schaefer S.79)

In diesem Kapitel wird das Trägheitsmoment eines Quaders der Masse m und der Kantenlängen a, b und c bezüglich einer zu einer Kantenrichtung parallelen Achse durch den Schwerpunkt berechnet. Dazu berechnet man zunächst das Trägheitsmoment eines Quaders O (Kantenlängen b,c und dz) bezüglich einer Schwerpunktsachse, die parallel zur Kante c ist (S. Skizze 1.4.4.1!).

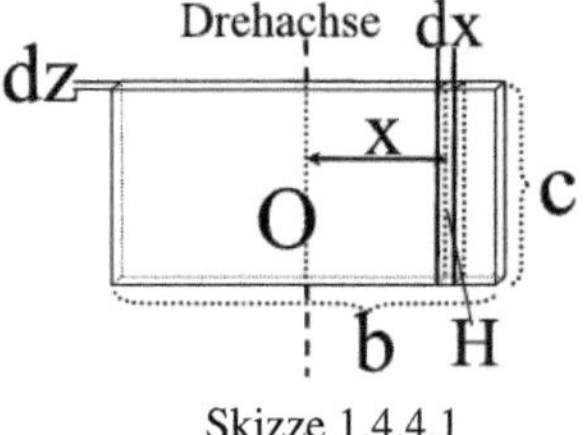

Skizze 1.4.4.1

Es sei außerdem eine Kantenlänge dz vernachlässigbar klein. Diesen Quader denke man sich in Quader H der Masse dm unterteilt, die in den zur Drehachse senkrechten Richtungen vernachlässigbare Ausdehnung haben. Jeder dieser Quader H hat zum Schwerpunkt den Abstand x und das Trägheitsmoment $x^2 dm$. Um das Trägheitsmoment des Quaders O zu erhalten, muss man einfach über alle $x^2 dm$ zwischen $-b/2$ und $b/2$ integrieren:

15

$$J_{Oc} = \int\limits_{-\frac{b}{2}}^{\frac{b}{2}} x^2 dm = \rho \cdot c \cdot dz \cdot \int\limits_{-\frac{b}{2}}^{\frac{b}{2}} x^2 dx = \rho \cdot c \cdot dz \cdot \left[\frac{x^3}{3}\right]_{-\frac{b}{2}}^{\frac{b}{2}} = \frac{\rho \cdot c \cdot dz}{3} \cdot \left[\frac{b^3}{8} - \left(-\frac{b^3}{8}\right)\right] = \frac{1}{12} \rho \cdot c \cdot dz \cdot b^3$$

oder in Abhängigkeit von der Masse

$$J_{Oc} = \frac{1}{12} \rho \cdot c \cdot dz \cdot b \cdot b^2 = \frac{1}{12} \cdot m \cdot b^2.$$

Das Trägheitsmoment J_{Ob} dieses Quaders bezüglich einer zur Kante b parallelen Schwerpunktsachse muss dazu analog

$$J_{Ob} = \frac{1}{12} \cdot m \cdot c^2$$

betragen, da im Quader die beiden Kantenrichtungen b und c gleichberechtigt sind. Nach G 1.4.2 kann man nun das Trägheitsmoment bezüglich einer zur kürzesten Kantenlänge dz parallelen Achse ausrechnen:

$$J_{Odz} = \frac{1}{12} \cdot m \cdot c^2 + \frac{1}{12} \cdot m \cdot b^2 = \frac{1}{12} \cdot m \cdot \left(b^2 + c^2\right).$$

Das Schöne dabei ist, dass diese Formel nicht nur für Quader mit vernachlässigbarer Dicke, sondern allgemein für Quader mit konstanter Dichte gilt. Denn das Trägheitsmoment dJ eines jeden infinitesimal kleinen Massenelements ist $dJ=r^2 dm$ und unabhängig von der Ausdehnung des Massenelements in zur Drehachse paralleler Richtung. Für einen Quader mit beliebigen Kantenlängen a, b und c ist also das Trägheitsmoment bezüglich der zur Kante a parallelen Achse

$$J_a = \frac{1}{12} \cdot m \cdot \left(b^2 + c^2\right).$$

- **1.5 Kinetische Energie der Rotation** (Vgl. Tipler S.235)

Bei einer geraden Bewegung ist die kinetische Energie $E=\frac{1}{2} \cdot m \cdot v^2$, wobei die Geschwindigkeit v jedes Teilchens des bewegten Körpers gleich ist. Bei einer Rotation dagegen hängt die Geschwindigkeit v eines Teilchens nach der Formel $v=r \cdot \omega$ vom Radius ab und die kinetische Energie muß für jedes Teilchen der Masse Δm einzeln berechnet und anschließend aufsummiert werden. Es gilt also:

$$E_{Rot} = \sum \frac{1}{2} \cdot \Delta m \cdot v^2 = \frac{1}{2} \cdot \sum \Delta m \cdot \left(r \cdot \omega\right)^2 = \frac{1}{2} \cdot \sum \Delta m \cdot r^2 \cdot \omega^2 \quad \text{(G 1.5.1)}.$$

Da ω^2 über den ganzen Körper konstant ist, kann es vor die Summe gezogen werden. Außerdem ist $\sum \Delta m \cdot r^2$ nach G 1.4.3 das Trägheitsmoment J. Somit wird Gleichung G 1.5.1 zu

$$E_{Rot} = \frac{1}{2} \cdot J \cdot \omega^2 \qquad \text{(G 1.5.2)}.$$

- **1.6 Drehimpuls** (Vgl. Bergmann/Schaefer S.85-88, Tipler S.260)

Wenn ein Gegenstand durch ein äußeres Drehmoment M eine Winkelbeschleunigung α um eine feste Achse erfährt, dann gilt nach G 1.4.4

$$M = J \cdot \alpha = J \cdot \frac{d\omega}{dt} = \frac{d(J \cdot \omega)}{dt} \qquad \text{(G 1.4.4')}$$

Wenn man die in den vorigen Kapiteln dieser Arbeit besprochenen Ähnlichkeiten zwischen Drehmoment und Kraft und zwischen Trägheitsmoment und Masse in Betracht zieht, dann merkt man, dass dies der Beziehung $F = \frac{d(m \cdot v)}{dt} = \frac{dp}{dt}$ bei der geraden Bewegung entspricht. Analog zum Impuls p=m·v des geradlinig bewegten Körpers nennt man daher das Produkt J·ω auch Drehimpuls L . G 1.4.4' lässt sich demnach schreiben als:

$$M = \frac{dL}{dt} \quad \text{mit L= J·ω} \quad \text{(G 1.6.1)}.$$

Ein Drehmoment ist gleichbedeutend einer Drehimpulsänderung pro Zeit. Der Drehimpuls L ist eine Vektorgröße. Bei einer Rotation um eine Hauptträgheitsachse ist seine Richtung parallel zum Winkelgeschwindigkeitsvektor $\vec{\omega}$. Im allgemeinen Fall erhält man Richtung und Größe von $\vec{L}$, indem man zunächst einzeln die Drehimpulskomponenten berechnet, die jeweils zu einer Hauptträgheitsachse des Körpers parallel sind. Dazu zerlegt man die Winkelgeschwindigkeit in Komponenten, die jeweils zu einer beliebigen Hauptträgheitsachse parallel sind. Nun multipliziert man jede Winkelgeschwindigkeitskomponente mit dem Trägheitsmoment der zu ihr jeweils parallelen Hauptträgheitsachse. Die Vektoraddition dieser Drehimpulskomponenten liefert den resultierenden Drehimpuls. Im Spezialfall der Rotation um eine Hauptträgheitsachse zeigt der Vektor der Drehimpulsänderung $d\vec{L}$ in die selbe Richtung wie das Drehmoment M. G 1.6.1 behält seine Gültigkeit aber auch dann, wenn sich im allgemeinsten Fall das Trägheitsmoment und die Richtung von $\vec{\omega}$ bzw. $\vec{L}$ ändert, so dass man G 1.6.1 auch vektoriell in der Form

$$\vec{M} = \frac{d\vec{L}}{dt} \quad \text{(G 1.6.2)}$$

schreiben kann[2]. Wenn auf ein System kein Drehmoment von außen wirkt muss man in dieser Gleichung $\vec{M} = 0$ setzen und bekommt

$$\frac{d\vec{L}}{dt} = 0.$$

Das bedeutet, dass in einem System, auf das kein äußeres Drehmoment wirkt, sich weder Betrag noch Richtung des Drehimpulses ändert. Wie der Impuls einer geraden Bewegung ist also auch der Drehimpuls eine Erhaltungsgröße.

- ## 1.7 Kreisel und seine Bewegungen

Die Gesetze über den Drehimpuls finden z.B. bei der Bewegung von Kreiseln Anwendung. Im Folgenden sollen die beiden typischen Kreiselbewegungen eines rotationssymmetrischen, flachen Kreisels (größtes Trägheitsmoment in Richtung der „normalen" Kreiselachse) besprochen werden, nämlich Präzession und Nutation.

1.7.1 Nutation des kräftefreien Kreisels (Vgl. Bergmann/Schaefer S.171f, Magnus/Müller S.213f)

Im ersten Fall wird ein Kreisel beobachtet, auf den keine äußeren Kräfte wirken. Dies kann z.B. durch eine Lagerung mit Pfanne und Spitze im Schwerpunkt erfolgen, so dass die Schwerkraft durch die Lagerung aufgenommen wird und nur minimale Reibung auftritt. Ein Beispiel für einen Kreisel mit Schwerpunkt im Unterstützungspunkt ist in Skizze 1.7.1a dargestellt. Der Kreisel kippt dann nicht weiter um, wenn man ihn schief stellt, sondern behält seine Lage bei. Wenn man einen solchen Kreisel in Rotation versetzt und ihm dann einen seitlichen Stoß gibt, führt er danach eine regelmäßige Taumelbewegung aus. Man nennt sie Nutation. Sie entsteht dadurch, dass drei Achsen, die vorher zusammenfielen, nach dem Stoß in verschiedene Richtungen weisen. Die erste der drei Achsen ist die Figurenachse. Sie ist die durch die äußere Form des Kreisels ausgezeichnete, „normale" Achse des Kreisels.

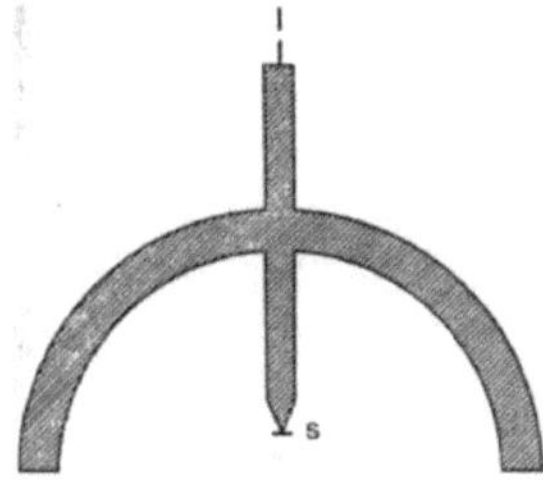

Skizze 1.7.1a (Hänsel S.153

---

[2] Dies kann leider mit Schulwissen nicht exakt hergeleitet werden.

Dann gibt es noch die momentane Drehachse, die immer in die selbe Richtung wie der Winkelgeschwindigkeitsvektor zeigt und die Drehimpulsachse, die die Richtung des Drehimpulses angibt. Zu Beginn besitzt der Kreisel nur einen Drehimpuls und eine Winkelgeschwindigkeit um die Achse des größten Trägheitsmoments in Richtung der Figurenachse, so dass alle drei Achsen in die selbe Richtung zeigen. Durch den Stoß wird dem Kreisel nun ein zusätzlicher Drehimpuls in einer dazu senkrechten Richtung um eine Achse des kleinsten Trägheitsmoments verliehen. Da nach dem Stoß wegen der kräftefreien Lagerung kein Drehmoment mehr auf den Kreisel wirkt, bleibt der Drehimpuls nach Betrag und Richtung erhalten, d.h. die Lage der Drehimpulsachse ist raumfest. Die Richtung der Drehimpulsachse ergibt sich durch Vektorzerlegung von ω in zwei Komponenten, die parallel zur Achse des größten bzw. kleinsten Trägheitsmoments sind, anschließender Multiplikation mit den jeweiligen Trägheitsmomenten und letztendlicher Vektoraddition der so gewonnenen Drehimpulskomponenten (S. Skizze 1.7.1b!) .

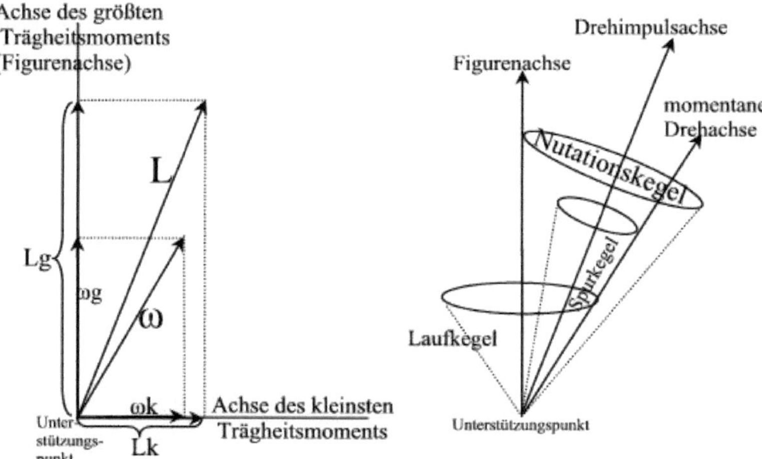

Skizze 1.7.1b (nach Bergmann/Schaefer S.172)

Figuren-, Drehimpuls- und momentane Drehachse fallen nun nicht mehr zusammen, sondern momentane Drehachse und Figurenachse rotieren jeweils auf Kegelmänteln um die Drehimpulsachse. Die drei Achsen liegen dabei immer in einer Ebene und schneiden sich im Unterstützungspunkt. Dabei beschreibt die momentane Drehachse durch ihre Umlaufbewegung um die Drehimpulsachse den Kegelmantel des sogenannten Spur- oder Rastpolkegels, den man sich als raumfest vorzustellen hat. Um diesen rollt sich der Lauf- oder Gangpolkegel ab, dessen Symmetrieachse die Figurenachse ist. Dabei beschreibt die

Figurenachse den raumfesten sogenannten Nutationskegel. Nutation tritt nicht bei Körpern mit für alle Achsenrichtungen konstantem Trägheitsmoment auf, da hier bei Vektorzerlegung von $\vec{\omega}$ und anschließender Multiplikation mit dem jeweiligen Trägheitsmoment, das hier jeweils den selben Zahlenwert hat, $\vec{L}$ immer in die gleiche Richtung zeigt wie $\vec{\omega}$, sich also die Achsen nicht trennen.

- **1.7.2 Präzession des schweren Kreisels** (Vgl. Tipler S.263f, Feynman u. Autoren S.288-291)

Neben der Nutation gibt es noch eine zweite typische Bewegung des Kreisels, nämlich die sogenannte Präzession. Sie tritt bei schweren Kreiseln auf, das heißt bei Kreiseln, deren Schwerpunkt nicht mit dem Unterstützungspunkt zusammenfällt, so dass die Schwerkraft ein Drehmoment auf den Kreisel ausübt, das ihn zu kippen versucht (S. Skizze 1.7.2 und Foto 10!).

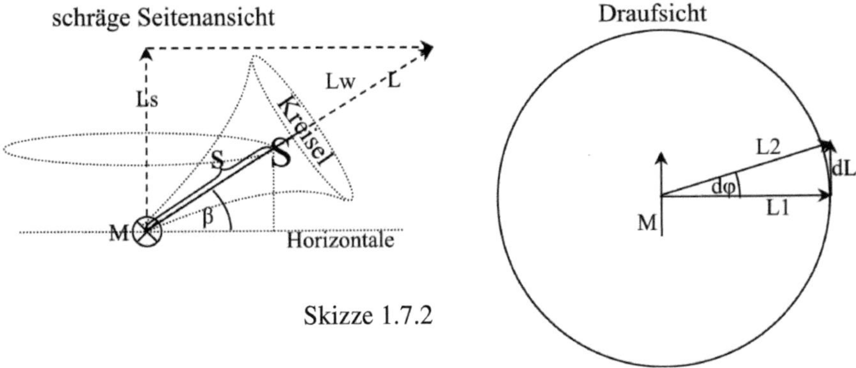

Skizze 1.7.2

Wenn man einen Kreisel in Rotation versetzt und in Schieflage bringt, kippt er nicht etwa um, sondern seine Achse führt eine Drehung mit konstanter Schieflage um eine senkrechte Achse aus. Das von der Schwerkraft G ausgeübte Drehmoment M ist:

$$M = s \cdot \cos \beta \cdot G \qquad \text{(G 1.7.2.1)},$$

wobei s der Abstand des Kreiselschwerpunkts S vom Unterstützungspunkt und β der Neigungswinkel der Kreiselachse gegen die Horizontale ist. Nach der Formel von G 1.6.2 erzeugt das Drehmoment M in der Zeit dt eine zu ihm parallele Drehimpulsänderung dL, welche immer senkrecht auf die Kreiselachse und horizontal ist. Die Drehimpulsänderung dL von L_1 nach L_2 bedeutet in der Skizze eine Richtungsänderung der Kreiselachse um dφ. Im

Grenzfall eines unendlich kurzen Zeitabschnitts und somit jeweils unendlich kleiner Drehimpulsänderung von L_1 nach L_2 ändert sich nur mehr die Richtung, nicht aber der Betrag von L, da für L_2 gilt:

$$L_2 = \frac{L1}{\cos(d\varphi)}$$

und dφ gegen Null und damit cos(dφ) gegen eins strebt. Ebenfalls wegen dφ→0 wird auch

$$dL = L_1 \cdot \tan(d\varphi) \qquad \text{zu} \qquad dL = L_1 \cdot (d\varphi) \text{ (G 1.7.2.2).}$$

Es ändert sich außerdem nur die horizontale Komponente L_w von L, die senkrechte Komponente L_s bleibt die ganze Zeit über konstant. Es gilt:

$$L_w = L \cdot \cos\beta \qquad \text{(G 1.7.2.3)}$$

Somit lässt sich die Winkelgeschwindigkeit der Präzession ω_p berechnen, mit der der Drehimpulsvektor sich dreht. Es wird

$$M = \frac{dL_w}{dt} \text{ mit G 1.7.2.2 zu} \qquad M = \frac{L_w \cdot (d\varphi)}{dt} = L_w \cdot \frac{d\varphi}{dt} = L_w \cdot \omega_p.$$

Mit G 1.7.2.1 und G 1.7.2.3 wird daraus

$$\omega_p = \frac{M}{L_w} = \frac{s \cdot \cos\beta \cdot G}{L \cdot \cos\beta} = \frac{s \cdot G}{L}.$$

Wenn man den rotierenden Kreisel erst schief hält und dann loslässt, nimmt außerdem die Kreiselachse nach dem Loslassen eine etwas weiter nach unten geneigte Position ein. Dies kommt daher, dass der Kreisel durch die Präzessionsbewegung eine zusätzliche vertikale Drehimpulskomponente Lp bekommt (je nach Rotationsrichtung nach oben oder unten) . Um die Impulsgesetze nicht zu verletzen, muss dies durch eine Abwärtsneigung der Kreiselachse ausgeglichen werden. (Abwärtsneigung sowohl bei Rotation im als auch gegen den Uhrzeigersinn.). Außerdem ist zu bemerken, dass sich Präzessions- und Nutationsbewegungen auch überlagern können.

2. Versuche

- **2.1 Messung von Trägheitsmomenten mit Hilfe von Drehschwingungen**
- **2.1.1 Trägheitsmoment einer runden Holzscheibe**

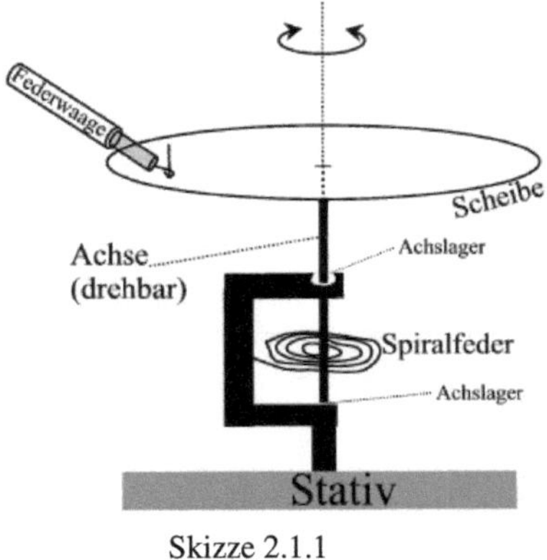

Skizze 2.1.1

An einer drehbaren Achse ist eine Spiralfeder so befestigt, dass die Achse gegen den Widerstand der Feder verdreht werden kann, wie in Skizze 2.1.1 abgebildet (S. Fotos 1 und 2!). An der Achse befestigt man nun mit einer Schraube die zu untersuchende Holzscheibe mittig und starr, nachdem man deren Masse m_S und Radius R_S gemessen hat. Man schlägt einen kleinen Nagel in die Holzscheibe, hängt daran eine Federwaage und stellt die ganze Versuchsanordnung auf ein großes Geodreieck. Nun lenkt man durch Ziehen an der Federwaage die Scheibe aus der Ausgangslage aus und misst mit dem Geodreieck den Winkel φ der Auslenkung und mit der Federwaage die Kraft F in tangentialer Richtung. Mit einem Lineal ermittelt man außerdem den Abstand r des Nagels von der Achse. Dann nimmt man die Federwaage ab, lenkt die Anordnung kurz aus und lässt los. Man bestimmt die Periode T der nun entstandenen Schwingung, indem man mit der Stoppuhr die Zeit t für mehrere hintereinanderfolgende Schwingungen misst und durch die Zahl n der Schwingungen teilt (alsoT=t:n).

Die Federkonstante D ist $D = \dfrac{M}{\varphi} = \dfrac{F \cdot r}{\varphi}$.

Nach der Formel G 1.4.1.2 ergibt sich das Trägheitsmoment J der Anordnung zu

$$J = \frac{D}{\omega^2} = \frac{D \cdot T^2}{4 \cdot \pi^2}.$$

Messwerte: F=0,10N ; r=0,17m ; φ=50°=0,87rad ; m=0,53kg ; R=0,185m ; T=4,25s

Auswertung: $D = \dfrac{F \cdot r}{\varphi} = \dfrac{0,10\text{N} \cdot 0,17\text{m}}{0,87\text{rad}} \approx 0,01954 Nmrad^{-1}$

$$J = \frac{D \cdot T^2}{4 \cdot \pi^2} = \frac{F \cdot r \cdot T^2}{\varphi \cdot 4 \cdot \pi^2} = \frac{0,10N \cdot 0,17m \cdot T^2}{0,87rad \cdot 4 \cdot \pi^2} = 0,0004950 Nmrad^{-1} \cdot T^2 . \text{[3]}$$

Das gesuchte Trägheitsmoment des Scheibe ist also

$$J = 0,0004950 Nmrad^{-1} \cdot (4,25s)^2 \approx 0,0089 kgm^2 .$$

Mit diesem Wert wird nun die Formel zur Berechnung des Zylinderträgheitsmoments aus Masse und Radius überprüft. Nach der Formel G 1.4.4.1.2 ist

$$J = \tfrac{1}{2}mR^2 = \tfrac{1}{2} \cdot 0,53kg \cdot 0,185m^2 \approx 0,0091 kgm^2 .$$

Dies ist eine recht gute Übereinstimmung.

- ### **2.1.2 Nachweis der Beziehung zwischen den Trägheitsmomenten eines flachen Körpers[4]**

Dazu werden nun die Trägheitsmomente eines Blechquadrats der Kantenlänge 0,2m und der Masse 0,48kg um die Schwerpunktachse senkrecht zur Ebene des Blechs (J_f) sowie das Trägheitsmoment um die Schwerpunktachse von Kantenmitte zu Kantenmitte (J_s) gemessen.

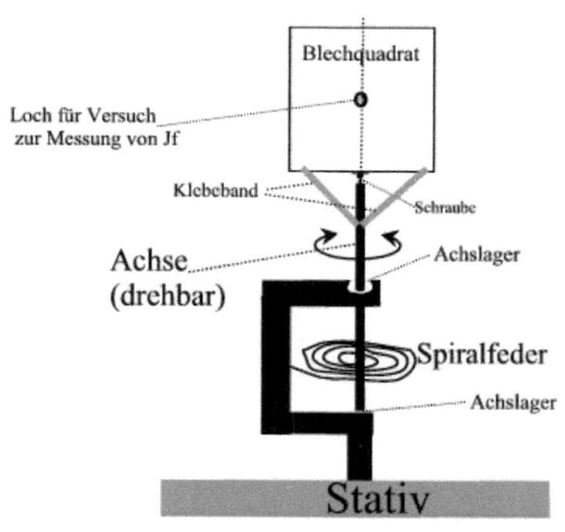

Skizze 2.1.2

Es wird der Versuchsaufbau von 2.1.1 verwendet, wobei jedoch die Holzscheibe durch das Blechquadrat ersetzt wird. Für das erstgenannte Trägheitsmoment wird das Blech durch ein Loch in der Mitte in horizontaler Lage mit einer Schraube an der Drehachse befestigt und der Versuch analog 2.1.1 durchgeführt. Dabei wird die Schwingungsdauer T_f gemessen. In einem zweiten Versuchsdurchlauf wird das Blech mit einer Kantenmitte so in den Schlitz der Befestigungsschraube geklemmt, dass es aufrecht steht, und zusätzlich mit Klebeband befestigt (S. Skizze 2.1.2!) (evtl. Papierstückchen um Blechkante legen, falls der Schraubenschlitz breiter als die Blechdicke ist) . Man führt den Versuch in der selben Weise durch wie zuvor (Messung der Schwingungsperiode T_s) .

---

[3] D und die Zahl vor T^2 in der Formel für J wurden hier auf mehr gültige Ziffern genau angegeben als eigentlich angebracht wäre, um diese Größen in weiteren Versuchen einfach in Formeln einsetzen zu können.

[4] Eine Versuchsdurchführung analog 2.1.1 mit auf der Holzscheibe befestigtem Körper brachte nur unbrauchbare Ergebnisse, vermutlich da der relative Fehler durch das relativ große Trägheitsmoment der Holzscheibe, das vom gemessenen abgezogen wurde, mehr ins Gewicht fiel.

Messwerte: T_f=2,63s ; T_s=1,95 ;

Auswertung: $J_s = 0,0004950\,Nmrad^{-1} \cdot (1,9s)^2 \approx 0,00179\,kgm^2$

$$J_f = 0,0004950\,Nmrad^{-1} \cdot (2,6s)^2 \approx 0,00335\,kgm^2$$

Es muss nach G 1.4.2 gelten: J_f=2J_s. Im Versuch stimmt 2J_s=0,00358 ausreichend genau mit J_f überein, um G 1.4.2 bestätigen zu können.

- ### 2.1.3 Experimenteller Nachweis des Satzes von Steiner

Dazu befestigt man wieder die Holzscheibe mit vorher dem gemessenen Trägheitsmoment J_S an der Drehachse, sodass man die selbe Versuchsanordnung erhält wie in 2.1.1 . Man nimmt nun einen Gegenstand, dessen Trägheitsmoment um eine Schwerpunktachse bekannt ist und dessen Masse m man wiegt. Hier wird das Blechquadrat aus 2.1.2 verwendet, dessen Trägheitsmoment um die zur Blechebene senkrechte Achse J=0,0034kgm^2 beträgt. Dieses Blechquadrat wird nun so auf die Holzscheibe gelegt, dass sein Schwerpunkt im Abstand b, den man abmisst, zur Drehachse der Versuchsanordnung zu liegen kommt. Man befestigt das Quadrat mit Klebeband und lässt die Anordnung Drehschwingungen ausführen, deren Periode T man misst.

Messwerte: T=6,15s ; m=0,48kg ; b=0,11m

Auswertung: Um das Trägheitsmoment des Blechs zu erhalten, muss man vom aus G 1.4.3.6 erhaltenen Gesamtträgheitsmoment der Anordnung das Trägheitsmoment der Holzscheibe abziehen:

$$J = 0,0004950\,Nmrad^{-1} \cdot (6,15s)^2 - 0,0091\,kgm^2 \approx 0,0096\,kgm^2$$

Die Berechnung nach Steiner ergibt J=J_0+mb^2=0,0034kgm^2+0,48kg$\cdot$(0,11m)^2 =0,0092kgm^2. Die Abweichung des Versuchsergebnisses davon ist also gering.

- ### 2.2 Aufzeichnung eines t-ω-Diagramms bei konstantem Drehmoment

Auf einen in einem Rahmen drehbaren Rotor, an dem an waagrechten Stangen zwei gleich große Gewichte im gleichen Abstand angebracht sind, übt ein Fallgewicht durch einen um den Rotor aufgewickelten Faden über eine Umlenkrolle ein Drehmoment aus (S. Skizze 2.2!). Der Faden ist mit einem Geschwindigkeits-Spannungs-Wandler verbunden, der wiederum über Kabel mit dem y-Eingang des x-y-Schreibers verbunden ist. Im Versuch wickelt man die Schnur durch Drehen am Rotor so weit auf, dass das Fallgewicht eine ausreichende Höhe h über dem Boden erreicht, die man misst. Nun lässt man den Rotor los und schaltet gleichzeitig die (konstante) x-Ablenkung des x-y-Schreibers ein. Außerdem misst man noch die Masse m des Fallgewichts, den Radius r, mit dem der Faden um den Rotor gewickelt ist, sowie das Trägheitsmoment J des Rotors (mittels Drehschwingungen[5]).

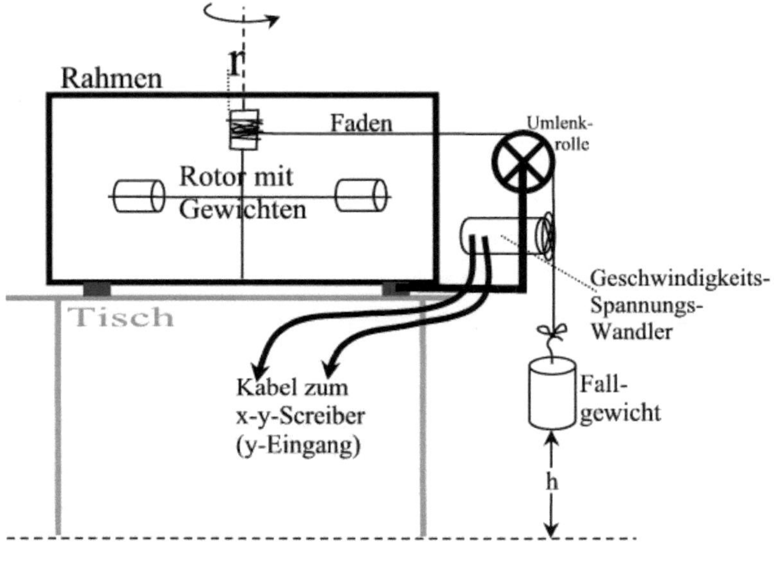

Skizze 2.2

Messergebnisse: h=0,8m; r=0,03m; m=1kg; J=0,143kgm^2; **Diagramm: S. Anhang1!**

Einstellungen der Messinstrumente:

Geschwindigkeits-Spannungs-Wandler: 1V entspricht $1\frac{m}{s}$

Einstellungen des x-y-Schreibers: Empfindlichkeit(y-Anzeige): 0,05V entspricht 1cm

x-Ablenkung: $0,05\frac{m}{s}$

Auswertung: Das Diagramm entspricht recht genau einer Geraden. Den Koordinatenursprung setzt man in den Schnittpunkt der Graphenlinie mit der x-Achse. Man rechnet den Abbildungsmaßstab des Koordinatensystems aus: Die x-Achse gibt die Zeit an, wobei 5cm einer Sekunde entsprechen. Auf der y-Achse, die die Winkelgeschwindigkeit angibt, entspricht 1cm 0,05 V Spannung oder einer Laufgeschwindigkeit des Fadens von 0,05ms^{-1}. Daraus lässt sich die Winkelgeschwindigkeit nach der Formel $\omega = \frac{v}{r}$ berechnen.

---

[5]Analog zu 2.1.1; es wird der Rotor aus der Anordnung ausgebaut und mit der Rotorachse mittig in Richtung der Drehachse auf der Holzscheibe mit Klebeband fixiert.

1cm entspricht also 0,05ms^{-1}, was $\dfrac{0,05ms^{-1}}{0,03m} = \dfrac{5}{3}rads^{-1}$ bedeutet. An der Stelle x=15cm, also

t=3s, misst man y=3,9cm, was $\omega = 3,9 \cdot \dfrac{5}{3}rads^{-1}$ =6,5rads^{-1} entspricht. Man erhält:

$$\alpha = \frac{\Delta\omega}{\Delta t} = \frac{6,5rads^{-1}}{3s} = 2,17rads^{-2}$$

Dies wird mit dem Ergebnis der Formel G 1.4.4 verglichen. Die daraus berechnete Winkelbeschleunigung ist

$$\alpha = \frac{M}{J} = \frac{m \cdot g \cdot r}{J} = \frac{1kg \cdot 9,81Nkg^{-1} \cdot 0,03m}{0,143kgm^2} = 2,06rads^{-2}.[6]$$

Das Ergebnis stimmt einigermaßen mit dem aus dem Diagramm ermittelten Wert überein.

Mit dem Diagramm kann außerdem noch die Formel G 1.5.2 für die kinetische Energie der Rotation überprüft werden. Es wird nämlich die potentielle Energie E_{pot} des Fallgewichts in Rotationsenergie des Rotors und kinetische Energie E_{kin} des Fallgewichts umgewandelt.

Es ist also zu prüfen ob $E_{pot} - E_{kin} = \frac{1}{2} \cdot J \cdot \omega^2$ ist, wenn das Fallgewicht den Boden erreicht hat.

Aus dem Diagramm misst man am höchsten Punkt y=6,25cm, also ω=6,25$\cdot\dfrac{5}{3}rads^{-1}$

=10,42rads^{-1}.

Also:
$$E_{pot}= m \cdot g \cdot h = 1kg \cdot 9,81Nkg^{-1} \cdot 0,80m = 7,85J$$
$$E_{kin} = \tfrac{1}{2} \cdot m \cdot v^2 = \tfrac{1}{2} \cdot m \cdot \omega^2 \cdot r^2 = 0,5 \cdot 1kg \cdot (10,42rads^{-1})^2 \cdot (0,03m)^2 = 0,05J$$
$$\tfrac{1}{2} \cdot J \cdot \omega^2 = 0,5 \cdot 0,143kgm^2 \cdot (10,42rads^{-1})^2 = 7,76J$$

Der Wert von $\frac{1}{2} \cdot J \cdot \omega^2$ stimmt gut mit $E_{pot} - E_{kin}$=7,85J-0,05J=7,80J überein, so dass sich G 1.5.2 bestätigt.

- **2.3 Sichtbarmachung der momentanen Drehachse und der Drehimpulsachse eines nutierenden Kreisels (siehe Fotos 7-10) (Vgl. Bergmann/Schaefer S.171, Pohl S.72f)**

Man nimmt einen kräftefrei gelagerten Kreisel, hier realisiert durch einen Kreisel, bei dem die Position der Spitze des Kreisels, mit der er auf einer dafür vorgesehenen Pfanne steht, entlang der Figurenachse verstellbar und hier entsprechend abgestimmt ist. Zur Sichtbarmachung der momentanen Drehachse wird nun eine runde Pappscheibe mit kontrastreichem und unregelmäßigem Muster mittig auf das obere Ende der Figurenachse geklebt. Man stellt den Kreisel nun auf eine für seine Spitze vorgesehene Pfanne, versetzt ihn in Rotation und lässt ihn durch einen seitlichen Stoß nutieren. Wenn man nun von oben mit etwas längerer

---

[6] Die vom Fallgewicht auf den Rotor ausgeübte Kraft ist trotz beschleunigter Fallbewegung etwa die Gewichtskraft, da die Beschleunigung a<<g

Belichtungszeit fotografiert, kann man das Versuchsergebnis fixieren. Zur Sichtbarmachung der Impulsachse führt man den Versuch analog aus, bringt allerdings statt der Scheibe mit dem unregelmäßigen Muster eine Scheibe mit aufgemalten konzentrischen Kreisen mittig auf der Kreiselachse an.

Ergebnis: Die schnelle Bewegung lässt das unregelmäßige Muster auf der Scheibe verschwimmen, jedoch nicht überall gleich stark. Die Bereiche der Scheibe, die weiter von der momentanen Drehachse entfernt sind, haben eine höhere Geschwindigkeit und verschwimmen daher stärker. Der Bereich um den Durchstoßpunkt der momentanen Drehachse durch die Pappscheibe verschwimmt jedoch weniger, da sich dort das Muster langsamer bewegt. (S. Foto 6!). Bei der Scheibe mit den konzentrischen Kreisen ergibt sich ein neues, etwas verwaschenes Muster aus konzentrischen Kreisen, deren gemeinsames Zentrum die Drehimpulsachse ist (S. Foto 8!).

- **2.4 Präzessionsdauer eines Kreisels**

Man verwendet den verstellbaren Kreisel aus 2.3 . Man fährt jedoch die Spitze aus der kräftefreien Position etwas weiter aus, wobei man durch geeignete Anbringung von Markierungen an dem für die Verstellbarkeit verantwortlichen Metallstift die Positionsänderung s der Spitze misst. Durch Wiegen bestimmt man die Masse m des Kreisels. Nun setzt man den Kreisel mit der Spitze in die dafür vorgesehene Pfanne und versetzt ihn in eine Rotation, deren Periode T man mit der Stoppuhr misst. Man bringt die Kreiselachse in eine gegen die Vertikale geneigte Stellung (S. Fotos 9 und 10!). Dann lässt man die Achse los, so dass sie präzediert, und misst die Zeit T_p, die die Kreiselachse für einen Umlauf benötigt. Nun bestimmt man mit der Anordnung von Versuch 2.1.1 das Trägheitsmoment des Kreisels J um die Figurenachse. Dazu befestigt man den Kreisel mit der Figurenachse genau über der Drehachse der Messvorrichtung und ermittelt die Schwingungsdauer T_k.

Messdaten: T_k=16,25s ; T=0,33s ; T_p=13,5s ; m=3,0kg ; s=0,04m

Auswertung: $J_s = 0,0004950\,Nmrad^{-1} \cdot (16,25s)^2 - 0,0086\,kgm^2 \approx 0,122\,kgm^2$

$$\omega_p = \frac{s \cdot m \cdot g}{L} = \frac{s \cdot m \cdot g \cdot T}{J \cdot 2\pi} = \frac{0,04m \cdot 3,0 \cdot 9,81\,Nkg^{-1} \cdot 0,3s}{0,122\,kgm^2 \cdot 2\pi} = 0,460$$

Dies entspricht einer Periode von $\dfrac{2\pi}{0,460} = 13,66$ und stimmt sehr gut mit dem gemessenen Wert von 13,5s überein.

- ## **2.5 Drehmoment auf mit konstanter Winkelgeschwindigkeit rotierende schiefe Scheibe** (Vgl. Feynman u. Autoren S.291f)

Es soll das Drehmoment auf eine schief rotierende Scheibe berechnet und durch Messung überprüft werden. Dies geschieht wie folgt(S. Skizze 2.5a![7]): Eine Holzscheibe, deren Masse m und Radius R man vorher misst, ist mit der vertikal aufgestellten Achse eines Elektromotors verbunden . Sie ist außerdem über eine gelenkartige Verbindung um eine zusätzliche horizontale Achse drehbar.

Die genaue Ausführung dieser Verbindung ist in Skizze 2.5b abgebildet. Als Halterung wird eine Klemme starr mit der Motorenachse verbunden. Als Gelenkverbindung wird ein Rollschuh mit Kugellager zur Reibungsminderung auf einem Metallstift befestigt. In der Mitte der Scheibe wird ein ca. 5cmx5cm großes Loch ausgesägt. Die in der Skizze gepunktet dargestellten Enden des Metallstifts werden in eingefräste Aussparungen am Rande des Lochs mittels Heißklebepistole eingeklebt, so dass der Metallstift durch den Schwerpunkt der Scheibe verläuft. Der Motor wird durch besonders festes Anschrauben am Versuchstisch und eine zusätzliche schräge Verstrebung gegen seitliche Kräfte vor dem Umkippen geschützt. Außerdem wird die Scheibe durch entsprechende Ausrichtung und Verbiegung des Klemmenstiels so angebracht, dass ihr Schwerpunkt von der vertikalen Drehachse geschnitten wird.

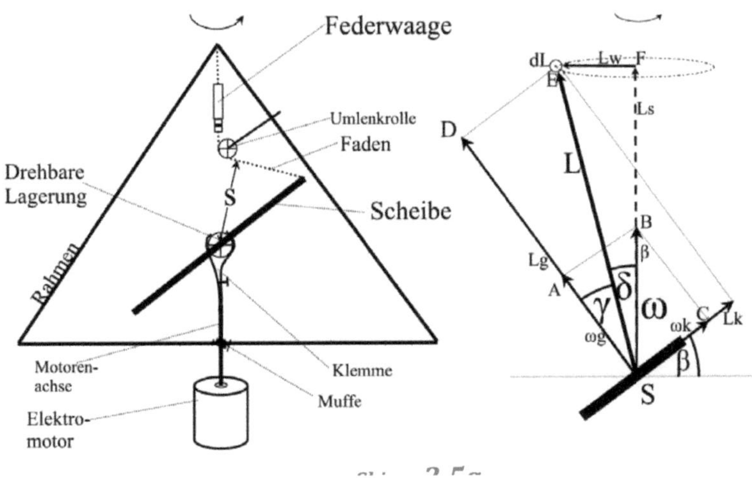

---

[7] Die Drehimpulsänderung dL, und damit auch das berechnete Drehmoment M, zeigen zwar in der Skizze aus der ZE heraus. Das berechnete Drehmoment ist jedoch nicht das von der Scheibe ausgeübte Drehmoment, sondern das von außen durch die Federwaage ausgeübte Drehmoment, das für die Drehimpulsänderung nötig ist. Das durch die Rotation verursachte Drehmoment versucht die Scheibe in die Horizontale zu bringen.

Über einen mit der vertikalen Achse fest verbundenen Rahmen aus dünnen Metallstäben ist eine Federwaage senkrecht über dem Scheibenmittelpunkt hängend angebracht. Mit einem an der Federwaage und an dem von der horizontalen Achse am weitesten entfernten Punkt der Scheibe befestigten und über eine Umlenkrolle laufenden Faden kann man an der Federwaage die Kraft F ablesen, die von einem Drehmoment um die horizontale Achse ausgeübt wird (Die Aufhängung der Federwaage am Rahmen erfolgt deshalb, damit der Faden nicht verdrillt wird und die angezeigte Kraft verfälscht). Die Scheibe wird unter einem bestimmten Neigungswinkel β mittels Elektromotor in Rotation um die Vertikale versetzt (nicht zu schnell, da die Anordnung nicht besonders stabil ist). Man misst die Periode T einer Umdrehung der Anordnung. Durch die Rotation entsteht ein Drehmoment, das die Scheibe in die Horizontale zu drehen versucht. Man liest nun die Kraft F an der Federwaage ab und schaltet dann den Elektromotor aus, so dass die Anordnung wieder im Stillstand ist. Man kippt nun die Scheibe so weit, bis die Federwaage nochmals die vorher gemessene Kraft F anzeigt, und misst den Neigungswinkel β und den Abstand s des Fadens von der Drehachse.

Messwerte: R=0,205m ; m=1,39kg ; T=1,1s ; β=30° ; s=0,1675m

Auswertung: Zuerst wird das größte Trägheitsmoment J_g der Scheibe (um senkrecht zur Scheibenebene stehende Schwerpunktachse) nach der Formel G 1.4.4.1.2 berechnet

$$J_g=\tfrac{1}{2}\cdot m\cdot R^2=0,5\cdot 1,39kg\cdot(0,205m)^2=0,0292kgm^2.$$

Das kleinste Trägheitsmoment J_k der Scheibe (um alle in der Scheibenebene liegende Schwerpunktachsen) ist nach der Formel G1.4.2

$$J_k=\tfrac{1}{2}J_g=0,01460kgm^2.$$

Die Winkelgeschwindigkeit um die Vertikale ist

$$\omega = \frac{2\pi}{T} = \frac{2\pi}{1,1s} = 5,712s^{-1}\ .$$

Ihre Komponenten ω_g und ω_k entlang der Hauptträgheitsachsen der Scheibe betragen (da ΔSCB rechtwinklig ist)

$\omega_k= \omega\cdot\sin\beta=5,712s^{-1}\cdot\sin30°=2,856s^{-1}$ und $\omega_g=\omega\cdot\cos\beta=5,12s^{-1}\cdot\cos30°=4,947s^{-1}$

. Die zugehörigen Drehimpulskomponenten betragen

$L_k= \omega_k\cdot J_k=2,856s^{-1}\cdot0,01460kgm^2=0,0417kgm^2s^{-1}$ und

$L_g=\omega_g\cdot J_g=4,947s^{-1}\cdot0,0292kgm^2=0,144\ kgm^2s^{-1}$.

Da ΔSDE rechtwinklig ist beträgt der Gesamtdrehimpuls

$$L = \sqrt{L_k^{\,2} + L_g^{\,2}} = \sqrt{\left(0,0417\,\mathrm{kgm^2s^{-1}}\right)^2 + \left(0,144\,\mathrm{kgm^2s^{-1}}\right)^2} = 0,150\,\mathrm{kgm^2s^{-1}}.$$ Es gilt außerdem $\gamma+\delta=\beta$, da die einander entsprechenden Schenkel senkrecht aufeinander stehen, sodass der Neigungswinkel δ von L zur Vertikalen

$$\delta = \beta - \gamma = \beta - \tan^{-1}\left(\frac{L_k}{L_g}\right) = 30° - \tan^{-1}\left(\frac{0,0417\,\mathrm{kgm^2s^{-1}}}{0,144\,\mathrm{kgm^2s^{-1}}}\right) = 30° - 16,15° = 13,85°$$ ist. Das auf die Scheibe wirkende Drehmoment liefert G 1.6.2. Man muss jedoch nur die Änderung der waagrechten Drehimpulskomponente L_w einsetzen, da die senkrechte Komponente L_s unverändert bleibt.

$$L_w = L \cdot \sin\delta = L \cdot \sin\delta = 0,150\,\mathrm{kgm^2s^{-1}} = 0,0359\ \mathrm{kgm^2s^{-1}}$$

$$M = \frac{dL_w}{dt} = \frac{L_w \cdot d\varphi}{dt} = L_w \cdot \omega = 0,0359\,\mathrm{kgm^2s^{-1}} \cdot 5,712\,s^{-1} = 0,205\,Nm$$

Das Ergebnis für M wird überprüft, indem man das Drehmoment aus F und s errechnet und vergleicht:

$$M = F \cdot s = 1,15\,N \cdot 0,1675\,m = 0,193\,Nm$$

Die beiden Werte sind also etwa gleich. Die Abweichung kommt vermutlich zum größten Teil daher, dass geringe Abweichungen des Schwerpunkts der Scheibe vom Mittelpunkt des Lagers nicht ganz eliminiert werden konnten und daher das Ergebnis verfälschten.[8]

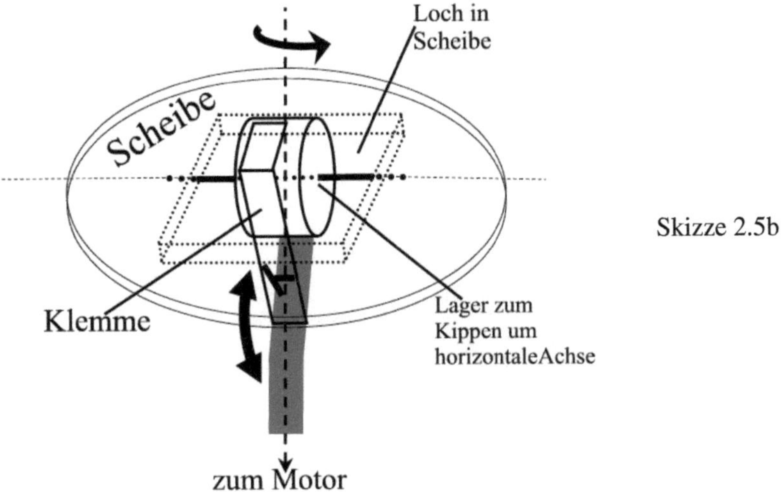

---

[8] Diese Unausgewogenheit merkte man daran, dass die Scheibe schon im Stillstand die Tendenz hatte, ein wenig zu kippen. Außerdem fing die ganze Anordnung bei höheren Umlaufgeschwindigkeiten bald zu wackeln und zu schwingen an.

C Ausblicke

Mit den in dieser Facharbeit behandelten Gesetzen und Phänomenen hoffe ich dem Leser einen groben Einblick in den großen Themenbereich der Rotation gegeben zu haben. Ich möchte jedoch darauf hinweisen, dass diese Facharbeit nur die einfachsten Zusammenhänge erläutern konnte, da eine genaue und umfassendere Behandlung des Themas mathematische Kenntnisse erfordert hätte, die das Schulniveau bei weitem übersteigen. So konnten manche Sachverhalte, insbesondere vektorieller Art, nicht exakt hergeleitet, sondern nur mitgeteilt werden. Hier wären z. B. der Vektorcharakter von Winkelgeschwindigkeiten oder die vektorielle Form der Drehimpulsgesetze zu nennen. Ansatzpunkte für eine Erweiterung dieser Facharbeit wären außerdem die Berechnung der Trägheitsmomente von komplizierteren Körpern mit Hilfe von Mehrfachintegralen oder die quantitative Erfassung der Kreiselnutation.

Literaturverzeichnis

Bergmann, Schaefer: Lehrbuch der Experimentalphysik, Bd.1: Mechanik Akustik Wärmelehre, 5. Auflage,1958, Verlag Walter de Gruyter & Co, Berlin

Feynman, Leighton, Sands: Feynman Vorlesungen über Physik, Bd.1:Mechanik, Strahlung, Wärme, 1987, Oldenbourg Verlag, München Wien

Hänsel, Neumann: Physik – Mechanik und Wärmelehre, 1993, Spektrum Akademischer Verlag, Heidelberg-Berlin-Oxford

Knerr: Goldmann Lexikon Physik – Vom Atom zum Universum, überarbeitete Taschenbuchausgabe, November 1999, Wilhelm Goldmann Verlag, München,

Magnus, Müller: Grundlagen der Technischen Mechanik, 6.Auflage, 1990, Verlag Teubner, Stuttgart

Pitka, Bohrmann, Stöcker, Terlecki: Physik - Der Grundkurs, 2. korrigierte Auflage, 2001, Harri Deutsch Verlag, Frankfurt a. Main

Pohl: Mechanik Akustik und Wärmelehre,15.Auflage, 1962, Springer-Verlag, Berlin-Göttingen-Heidelberg

Tipler: Physik, 2.korrigierter Nachdruck, 1998, der 1. Auflage 1994,Spektrum Akademischer Verlag, Heidelberg-Berlin-Oxford